河南省山洪灾害
分析与评价

赵恩来　刘洪武　王晓勇　主编

黄河水利出版社
·郑州·

图书在版编目(CIP)数据

河南省山洪灾害分析与评价/赵恩来,刘洪武,王晓勇
主编. —郑州:黄河水利出版社,2019.9
ISBN 978 – 7 – 5509 – 2526 – 7

Ⅰ.①河… Ⅱ.①赵… ②刘… ③王… Ⅲ.①山洪 –
山地灾害 – 评价 – 河南 Ⅳ.①P426.616

中国版本图书馆 CIP 数据核字(2019)第 213584 号

出 版 社:黄河水利出版社 网址:www. yrcp. com
　　地址:河南省郑州市顺河路黄委会综合楼 14 层 邮政编码:450003
发行单位:黄河水利出版社
　　发行部电话:0371 – 66026940、66020550、66028024、66022620(传真)
　　E-mail:hhslcbs@ 126. com
承印单位:虎彩印艺股份有限公司
开本:890 mm×1 240 mm 1/32
印张:2.75 插页:4
字数:86 千字 印数:1—1 000
版次:2019 年 9 月第 1 版 印次:2019 年 9 月第 1 次印刷

定价:15.00 元

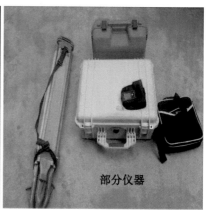

部分仪器

外业调查规范、调查表及仪器

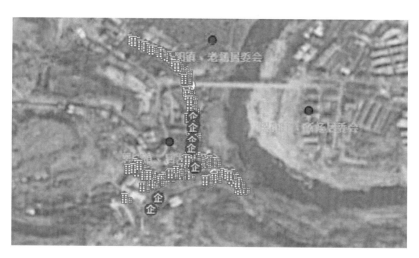

企事业单位调查

第一步：编制调查对象名录，整理录入基本情况，标注位置，完成内业调查表

第二步：在乡镇人员配合下，编制企事业单位调查名录，整理录入基本情况，标注位置

第三步：水文资料收集整理

第四步：填写历史山洪灾害情况统计表

第五步：填写需防洪治理山洪沟统计表

第六步：填写自动监测站和非工程措施建设成果统计表

第七步：填写涉水工程数量统计表

第八步：填写县（市）社会经济基本情况统计表

第九步：开展居民住房和家庭财产调查

第十步：开展水利普查水利工程资料录入，完成内业调查表

内业调查工作流程

第一步：制定居民住房类型调查分类标准表

第二步：防治区基本社会经济情况调查表

第三步：进行历史洪水调查，测量洪痕，拍照，完成历史山洪灾害洪水调查表

第四步：危险区调查。调查历史最高洪水位以上1m位置，合理确定危险区范围，并对危险区情况及企事业单位进行调查

第五步：核查小流域基础信息、山洪灾害防治项目建设成果等信息，现场核对修改内业整理的成果

第六步：根据当地实际情况，开展需防洪治理山洪沟基本情况调查

第七步：对沿河村落防洪安全可能产生较大影响的塘(堰)坝、桥梁、路涵等涉水工程进行现场调查

第八步：沿河村落或重要城(集)镇详查。调查沿河村落或重要城(集)镇危险区范围内的人口、居民户、住房等信息，测量居民户宅基高程，进行河道纵、横断面测量

第九步：对外业调查资料进行分类整理、录入并核对成果准确性和合理性，及时发现问题和解决问题

外业调查工作流程

历史洪水痕迹调查

历史洪水断面调查

涉水工程调查

居民户调查

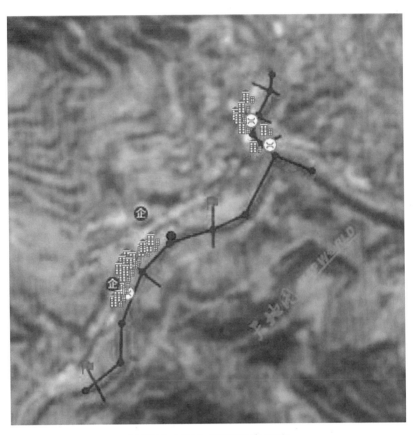

重要城（集）镇居民户调查

《河南省山洪灾害分析与评价》
编委会

主　编	赵恩来	刘洪武	王晓勇	
副主编	罗清元	郭艳华	孟　丽	聂聚闯
	梁　志	王　恬	李莎莎	熊文慧
	王永哲	张巧云	杨　斌	余　丹
	张少伟	苗红雄	王　福	王怡人

前　言

　　山洪灾害是当前我国自然灾害中造成人员伤亡和经济损失的主要灾害。本书通过在河南省79个县的山洪灾害防治区,以小流域为单元,深入分析山洪灾害防治区暴雨特性、小流域特征和社会经济情况,研究历史山洪灾害情况,分析小流域洪水规律,采用各地设计暴雨洪水计算方法和水文模型等分析计算方法,综合分析评价防治区沿河村落、集镇和城镇的防洪现状,划分山洪灾害危险区,分析确定预警指标,绘制危险区图,科学确定预警指标和阈值,为及时准确发布预警信息、安全转移人员提供基础支撑。

　　本书由赵恩来、刘洪武、王晓勇担任主编,由罗清元、郭艳华、孟丽、聂聚闯、梁志、王恬、李莎莎、熊文慧、王永哲、张巧云、杨斌、余丹、张少伟、苗红雄、王福、王怡人担任副主编。

　　由于编者时间和水平有限,本书内容难免存在疏漏和不妥之处,恳请读者批评指正!

编　者

2019 年 8 月

目　录

第1章　概　述

1.1　项目背景

依据《全国中小河流治理和病险水库除险加固、山洪地质灾害防御和综合治理总体规划》、《全国山洪灾害防治项目实施方案》(2013～2015年)和《河南省山洪灾害防治项目实施方案》(2013～2015年),山洪灾害防治项目主要开展山洪灾害防治非工程措施(山洪灾害调查评价、已建非工程措施补充完善)和重点山洪沟治理两大方面的建设任务。

(1)山洪灾害分析评价。在河南省79个县7.82万 km^2 的山洪灾害防治区,按照10～50 km^2 划分小流域,以小流域为单元,开展山洪灾害基本情况、小流域基本特征、水文、社会经济等情况的调查,综合分析沿河村落和城镇的防洪现状,以村为单元划定危险区,科学确定预警指标和阈值,为及时准确预警和灾害防御提供基础支撑。

(2)已建非工程措施补充完善。在已经初步实施的县级非工程措施项目建设成果的基础上,按照相关规划内容和相关标准,优化监测站网,提高通信保障能力;完善预警系统,在防治区所有乡镇、行政村和自然村补充必要的预警报警设施设备;完善县级监测预警平台并延伸到乡镇,建设省、市级山洪灾害监测预警信息管理和共享系统;建设山洪灾害应急保障系统;继续开展群测群防体系建设。具体建设内容包括监测系统补充完善、预警系统补充完善、县级山洪灾害监测预警平台完善、山洪灾害监测预警信息管理与共享系统、群测群防体系完善、山洪灾害应急保障系统、山洪灾害防治区示范区建设等。

(3)重点山洪沟防洪治理。在流域面积 200 km² 以下的山洪沟中,先期选择危害严重且难以实施搬迁避让的 50 条山洪沟进行治理试点。对山区河道两岸的城镇、集中居民点等区域,因地制宜采取护岸、堤防、疏浚等综合治理措施,有效保护人员安全,减少房屋等资产损失。

1.2　山洪灾害分析评价工作目标及任务

1.2.1　目标

通过开展山洪灾害分析评价,深入分析山洪灾害防治区暴雨特性、小流域特征、社会经济和历史山洪灾害情况,分析小流域洪水规律,评价山洪灾害重点防治区内沿河村落、集镇、城镇的现状防洪能力,划分不同等级危险区,科学确定预警指标和阈值,为及时准确发布预警信息、安全转移人员提供基础支撑。

1.2.2　任务

在 79 个县的山洪灾害防治区,以小流域为单元,开展山洪灾害基本情况、小流域基本特征、水文、社会经济等情况的调查,综合分析沿河村落、集镇和城镇的现状防洪能力,以村为单元划分危险区,科学确定预警指标和阈值,为及时准确预警和灾害防御提供基础支撑。

1.2.2.1　山洪灾害调查

以县级行政区为基本单位,以沿河村落、集镇、城镇或小流域为单元,围绕科学深入开展山洪灾害防治工作的具体需求,完成如下几方面的山洪灾害调查任务。

(1)水文、气象资料收集。

(2)社会经济统计资料收集。

(3)小流域下垫面和暴雨洪水特征调查。

(4)危险区调查。

(5)涉水工程调查。

(6)河道断面测量和居民户宅基高程测量。

(7)历史山洪灾害调查。

(8)历史洪水调查。

(9)需工程治理山洪沟调查。

(10)山洪灾害防治非工程措施建设成果统计。

(11)水利普查资料收集。

调查评价涉及的社会经济统计资料和行政区划数据采用2012年底的数据。

1.2.2.2　山洪灾害分析评价

在山洪灾害调查成果基础上,深入分析山洪灾害防治区暴雨特性、小流域特征和社会经济情况,研究历史山洪灾害情况,分析小流域洪水规律,以山洪灾害重点防治区内沿河村落、集镇、城镇为对象,采用各地设计暴雨洪水计算方法和水文模型等分析方法,完成如下几方面的山洪灾害分析评价任务。

(1)小流域设计暴雨洪水分析。

(2)沿河村落水位流量关系分析。

（3）沿河村落现状防洪能力评价。

（4）危险区划分。

（5）沿河村落、集镇、城镇的预警指标和阈值分析。

（6）危险区图制作。

1.3　山洪灾害分析评价的范围

山洪灾害分析评价范围为《全国中小河流治理和病险水库除险加固、山洪地质灾害防御和综合治理总体规划》中确定的河南省 78 200 km² 的山洪灾害防治区,涉及 13 个地级市 79 个县(市、区)。2013 年度山洪灾害防治建设任务分析评价 14 个县,2014 年度建设任务分析评价 33 个县,2015 年度建设任务分析评价 32 个县(具体见表 1-1),对国防军事单位和设施不进行调查。

表 1-1　河南省山洪灾害防治区范围

序号	市名	县(市、区)	县数量
1	郑州市	二七区、巩义市、荥阳市、新密市、新郑市、登封市	6
2	洛阳市	吉利区、洛龙区、孟津县、新安县、栾川县、嵩县、汝阳县、宜阳县、洛宁县、伊川县、偃师市	11
3	平顶山市	新华区、石龙区、宝丰县、叶县、鲁山县、郏县、舞钢市、汝州市	8
4	安阳市	龙安区、安阳县、汤阴县、林州市	4
5	鹤壁市	鹤山区、山城区、淇滨区、浚县、淇县	5
6	新乡市	凤泉区、卫辉市、辉县市	3

续表 1-1

序号	市名	县(市、区)	县数量
7	焦作市	解放区、中站区、马村区、山阳区、修武县、博爱县、沁阳市、孟州市	8
8	许昌市	襄城县、禹州市、长葛市	3
9	三门峡市	湖滨区、渑池县、陕县、卢氏县、义马市、灵宝市	6
10	南阳市	卧龙区、南召县、方城县、西峡县、镇平县、内乡县、淅川县、社旗县、唐河县、桐柏县、邓州市	11
11	信阳市	浉河区、平桥区、罗山县、光山县、新县、商城县、固始县、潢川县	8
12	驻马店市	驿城区、西平县、确山县、泌阳县、遂平县	5
13	济源市	济源市	1
合计		共计 79 个县(市、区)	

第 2 章　评价总体要求

2.1　山洪灾害分析评价工作范围

山洪灾害调查范围为《全国中小河流治理和病险水库除险加固、山洪地质灾害防御和综合治理总体规划》中确定的河南省 78 200 km² 的山洪灾害防治区,涉及 13 个地级市 79 个县(市、区)。2013 年度开展 14 县山洪灾害分析评价工作,2014 年度开展 33 个县山洪灾害分析评价工作,2015 年度开展 32 个县山洪灾害分析评价工作。

河南省山洪灾害防治区基本情况汇总表见表 2-1。

表 2-1　河南省山洪灾害防治区基本情况汇总表

序号	县名称	行政区基本情况				防治区情况			
		总面积 (km²)	总人口 (万人)	行政村总数 (个)	自然村总数 (个)	面积 (km²)	总人口 (万人)	受山洪威胁人口 (万人)	受山洪威胁严重的沿河村落数(个)
全省合计		103016.9	4771.56	22885	134245	77912.02	2272.84	792.38	23455
1	二七区	156.20	65.00	41	179	57.70	1.60	0.38	0
2	巩义市	1 041.00	80.70	292	401	974.40	67.03	10.26	123
3	荥阳市	908.00	64.01	310	1 641	340.70	51.23	20.22	276
4	新密市	1 001.00	80.00	349	3 125	997.60	62.35	20.20	400
5	新郑市	873.00	63.00	293	973	168.90	18.30	5.19	17
6	登封市	1 220.00	65.00	307	1 660	1 215.10	38.49	10.57	351

续表 2-1

序号	县名称	行政区基本情况				防治区情况			
		总面积（km²）	总人口（万人）	行政村总数（个）	自然村总数（个）	面积（km²）	总人口（万人）	受山洪威胁人口（万人）	受山洪威胁严重的沿河村落数（个）
7	吉利区	79.90	6.80	29	46	42.90	3.41	0.28	0
8	洛龙区	211.00	40.10	103	37	288.30	15.00	4.10	10
9	孟津县	758.70	46.00	228	928	682.80	46.00	20.75	377
10	新安县	1 160.00	50.00	302	1 548	1 162.50	50.00	36.00	63
11	栾川县	2 477.00	32.00	213	2 027	2 474.00	32.00	15.13	866
12	嵩县	3 008.90	60.00	318	2 808	3 000.40	38.35	6.08	466
13	汝阳县	1 325.00	47.00	216	1 468	1 334.70	47.00	21.55	579
14	宜阳县	1 616.60	70.10	356	1 386	1 666.00	70.10	8.28	527
15	洛宁县	2 238.60	45.00	389	1279	2 302.80	20.00	2.40	245
16	伊川县	1 243.00	75.76	369	717	1 072.20	57.20	45.48	317
17	偃师市	668.58	60.90	226	585	669.10	30.69	2.34	150
18	新华区	157.00	36.00	10	25	138.70	6.02	1.11	0
19	石龙区	37.90	5.60	11	27	30.50	5.60	2.52	13
20	宝丰县	722.00	51.79	322	704	728.70	18.13	13.47	428
21	叶县	1 387.00	87.88	577	1 393	662.00	23.50	4.09	502
22	鲁山县	2 432.32	84.00	558	2591	2 416.40	81.00	21.32	274
23	郏县	737.00	63.20	337	486	716.80	10.86	3.60	236
24	舞钢市	645.67	32.00	190	860	469.60	29.00	8.50	32
25	汝州市	1 573.00	94.00	453	1 761	1 568.70	49.35	28.55	562
26	龙安区	236.00	22.00	145	172	171.40	4.70	1.80	90
27	安阳县	1 201.00	94.13	573	648	664.10	42.21	17.49	44
28	汤阴县	645.86	46.03	298	339	113.70	18.90	7.60	122
29	林州市	2 046.00	105.00	558	1 687	2 065.20	9.69	0.82	1 017

续表 2-1

序号	县名称	行政区基本情况				防治区情况			
		总面积（km²）	总人口（万人）	行政村总数（个）	自然村总数（个）	面积（km²）	总人口（万人）	受山洪威胁人口（万人）	受山洪威胁严重的沿河村落数（个）
30	鹤山区	160.30	14.70	59	103	130.90	1.10	0.96	76
31	山城区	197.00	35.00	63	65	138.00	5.60	3.60	69
32	淇滨区	334.90	27.23	116	150	182.10	3.46	0.70	26
33	浚县	931.30	63.90	456	457	124.80	41.72	7.00	51
34	淇县	567.40	25.70	176	366	363.10	10.67	5.60	300
35	凤泉区	115.60	13.90	38	38	20.10	3.43	1.10	8
36	卫辉市	858.86	49.45	347	565	375.10	14.50	5.90	131
37	辉县市	2 007.00	82.50	534	1 658	1 109.30	40.10	10.28	177
38	解放区	67.26	30.25	23	27	33.10	29.83	29.83	25
39	中站区	125.00	12.30	35	73	91.40	6.60	6.60	8
40	马村区	122.00	14.18	64	65	15.00	11.74	5.91	34
41	山阳区	74.40	26.14	50	72	10.20	26.14	4.02	16
42	修武县	678.00	30.50	228	298	332.00	12.29	9.87	259
43	博爱县	435.00	38.50	204	300	161.00	10.74	8.47	207
44	沁阳市	623.50	49.90	329	1 177	163.10	15.80	5.50	172
45	孟州市	541.67	37.70	274	393	121.90	11.05	11.05	241
46	襄城县	897.00	81.99	441	1 528	89.22	4.64	2.57	48
47	禹州市	1 461.00	125.96	636	1 968	929.70	19.25	7.17	438
48	长葛市	648.60	70.00	360	640	122.10	0.99	0.32	10
49	湖滨区	185.00	30.49	46	136	205.10	14.40	14.40	27
50	渑池县	1 368.00	35.65	235	1 297	1 362.40	35.65	11.65	154
51	陕县	1 547.07	34.49	262	975	1 610.40	34.49	1.50	30
52	卢氏县	4 004.00	37.00	352	2 754	3 662.30	37.00	2.87	571

续表 2-1

序号	县名称	行政区基本情况				防治区情况			
		总面积（km²）	总人口（万人）	行政村总数（个）	自然村总数（个）	面积（km²）	总人口（万人）	受山洪威胁人口（万人）	受山洪威胁严重的沿河村落数（个）
53	义马市	112.00	14.50	20	108	99.70	14.50	0.42	55
54	灵宝市	3 011.00	73.85	440	2 846	2 993.40	43.00	4.60	112
55	卧龙区	1 007.22	90.50	224	1 800	561.30	6.10	2.41	295
56	南召县	2 946.00	64.20	341	3 433	2 941.60	64.20	1.96	435
57	方城县	2 542.00	103.00	561	4 115	2 475.20	37.70	6.86	827
58	西峡县	3 448.40	45.37	296	2 896	3 452.10	45.37	9.17	373
59	镇平县	1 500.00	104.00	409	2 825	951.70	38.87	8.17	126
60	内乡县	2 465.00	65.00	299	3 749	2 308.00	24.60	2.72	273
61	淅川县	2 820.00	67.50	500	3 416	2 767.10	67.50	36.96	689
62	社旗县	1 203.00	65.40	248	1 238	622.70	4.66	2.12	76
63	唐河县	2 512.40	132.50	518	2 980	793.80	20.70	1.80	9
64	桐柏县	1 941.00	43.00	215	2 619	1 913.10	43.00	36.00	717
65	邓州市	2 369.00	175.00	606	3 164	196.20	0.79	0.35	2
66	浉河区	1 783.00	63.40	251	2 555	1 785.70	62.20	55.20	386
67	平桥区	1 889.00	78.00	233	5 066	1 553.20	61.00	2.60	72
68	罗山县	2 077.00	76.00	307	4 847	972.70	48.84	17.32	1 236
69	光山县	1 835.00	84.96	353	6 202	826.30	62.75	2.19	2 833
70	新县	1 612.00	32.30	205	2 675	1 553.70	32.30	4.90	428
71	商城县	2 130.00	75.45	371	5 574	1 984.50	55.65	55.65	752
72	固始县	2 946.00	176.10	916	7 200	975.30	14.80	2.75	839
73	潢川县	1 666.00	84.50	284	4 797	256.10	46.01	21.78	342
74	驿城区	1 327.00	81.00	139	1 669	212.10	9.00	1.34	231
75	西平县	1 090.77	86.00	264	1 217	55.50	4.61	4.17	22

续表 2-1

序号	县名称	行政区基本情况				防治区情况			
		总面积（km²）	总人口（万人）	行政村总数（个）	自然村总数（个）	面积（km²）	总人口（万人）	受山洪威胁人口（万人）	受山洪威胁严重的沿河村落数(个)
76	确山县	1 630.00	51.00	192	2 274	1 271.40	16.00	1.32	179
77	泌阳县	2 386.00	75.60	262	2 687	2 787.40	56.60	6.30	33
78	遂平县	1 080.00	55.00	204	2 917	353.00	8.93	2.27	74
79	济源市	1 931.00	68.00	526	2 770	1 701.00	44.26	4.10	874

2.2　分析评价内容

分析评价内容包括如下四项：

（1）山洪灾害防治区内小流域暴雨洪水特征，主要针对五种典型频率，分析计算小流域标准历时的设计暴雨特征值，以及以小流域汇流时间为历时的设计暴雨及对应设计洪水的特征值。

（2）山洪灾害重点防治区内沿河村落、集镇、城镇等防灾对象的现状防洪能力，主要包括成灾水位对应流量的频率分析，以及根据五种典型频率洪水洪峰水位及人口和房屋沿高程分布情况，分析评价防灾对象的防洪能力。

（3）山洪灾害重点防治区内沿河村落、集镇、城镇等防灾对象的危险区等级划分，将危险区划分为极高、高、危险三级，并科学合理地确定转移路线和临时安置地点。

（4）山洪灾害重点防治区内沿河村落、集镇、城镇的预警指标，重点分析流域土壤较干、较湿以及一般三种情况下的临界雨量,进而确定准备转移雨量和立即转移雨量指标。

2.3 主要技术标准

(1)《中华人民共和国行政区划代码》(GB/T 2260—2013)。

(2)《中国河流名称代码》(SL 249—2012)。

(3)《水利水电工程设计洪水计算规范》(SL 44—2006)。

(4)《水工建筑物与堰槽测流规范》(SL 537—2011)。

(5)《防汛抗旱用图图式》(SL 73.7—2013)。

(6)《山洪灾害调查技术要求》(2014,项目办)。

(7)《山洪灾害调查评价基础数据处理技术要求》(2013,项目办)。

(8)《山洪灾害调查工作底图制作技术要求》(2013,项目办)。

(9)《山洪灾害调查评价小流域划分及基础属性提取技术要求》(2013,项目办)。

2.4 提供的成果

(1)分析评价报告:以县为单位分别编制 79 个县的分析评价报告,报告以"行政区代码 + 年份"进行编号,以纸质版和电子版两种形式提交。成果编写格式具体见附件分析评价报告编写目录。

(2)附表:包括山洪灾害防治区小流域暴雨洪水计算,山洪灾害重点防治区内沿河村落、集镇、城镇等防洪现状评价,危险区划分以及预警指标四方面成果;按照国家防汛抗旱总指挥部办公室下发的《山洪灾害分析评价技术要求》,根据选择的雨量预警方法填报附表7～附表9之一。

具体包括:

①附表1　分析评价名录表;

②附表2　小流域设计暴雨雨量成果表;

③附表3　小流域汇流时间设计暴雨时程分配表;

④附表4　控制断面设计洪水成果表;

⑤附表5　控制断面水位、流量、人口关系表;

⑥附表6　防洪现状评价成果表;

⑦附表7　雨量预警经验估计法成果表;

⑧附表8　雨量预警降雨分析法成果表;

⑨附表9　雨量预警模型分析法成果表;

⑩附表10　预警指标成果表。

附表1以县级行政为单元填写,附表2、附表3以小流域为单元填写,附表4、附表10以沿河村落、集镇、城镇等为单元填写。附表7～附表9根据所采用的方法填写相应的表格。

电子附表以 Excel 形式提交。

(3)附图:包括山洪灾害重点防治区内沿河村落、集镇、城镇等防洪现状评价,危险区划分以及预警指标三方面成果。

具体包括:

①附图1　防洪现状评价图;

②附图2　危险区划分图;

③附图3　预警雨量临界线图。

附图3指采用模型分析法,根据实时降雨或预报信息,按时段实时计算的预警雨量临界线图。

防洪现状评价图按"沿河村落行政区划代码＋年份＋A"

编号,以 ∗.jpg 或 者 ∗.pdf 格式提交。

危险区划分图按"沿河村落行政区划代码 + 年份 + B"编号,以 ∗.jpg 或者 ∗.pdf 格式提交。

预警雨量临界线图按"沿河村落行政区划代码 + 年份 + C"编号,以 ∗.jpg 或者 ∗.pdf 格式提交。

第3章　技术路线

　　山洪灾害分析评价工作基于基础数据处理和山洪灾害调查的成果,针对沿河村落、集镇和城镇等具体防灾对象开展,按工作准备、暴雨洪水计算、分析评价、成果整理四个阶段进行。

　　(1)工作准备阶段。根据山洪灾害调查结果,确定需要进行山洪灾害分析评价的沿河村落、集镇、城镇等名录。从基础数据和调查成果中提取与整理工作底图、小流域属性、控制断面、成灾水位、水文气象资料,以及现场调查的危险区分布、转移路线和临时安置地点成果资料,对资料进行评估并选择合适的分析计算方法,为暴雨洪水计算和分析评价做好准备。

　　(2)暴雨洪水计算阶段。假定暴雨洪水同频率,根据指定频率,选择适合当地实际情况的小流域设计暴雨洪水计算方法,对各防灾对象所在小流域进行设计暴雨分析计算,对相应的控制断面进行设计洪水分析计算,得到控制断面各频率的洪峰流量、洪量、上涨历时、洪水过程以及洪峰水位,采用概化法与目测法等方法确定河谷形态,分析水位流量关系曲线类型,并分析和论证计算成果的合理性。

　　(3)分析评价阶段。基于小流域设计暴雨洪水计算的成果,进行沿河村落、集镇和城镇等防洪现状评价、预警指标分析、危险区图绘制等分析评价工作。

　　防洪现状评价采用频率分析或插值等方法,分析成灾水位对应洪峰流量的频率,运用特征水位比较法,以及人口沿高程分布关系,分析评价防灾对象的现状防洪能力,并采用频率法确定危险区等级,统计各级危险区内的人口、房屋等基本信息。

雨量预警指标可采用经验估计、降雨分析以及模型分析等方法进行分析确定。基本方法是根据成灾水位反推流量,由流量反推降雨。重点通过分析成灾水位、预警时段、土壤含水量等,计算得到防灾对象的临界雨量,根据临界雨量和预警响应时间综合确定雨量预警指标,并分析成果的合理性。

水位预警指标采用洪水演进方法和历史洪水分析方法进行分析确定。

危险区图在统一提供的工作底图上进行绘制,包括不同等级的危险区范围,人口、房屋信息,以及预警指标等信息。

(4)成果整理阶段。汇总整理分析计算成果,编制成果表,绘制成果图,撰写并提交分析评价成果报告。

第 4 章　工作流程设计

（1）调查数据整理。

在山洪灾害调查过程中已经获取了大量资料,在开展山洪灾害分析评价之前,依靠河南省山洪灾害调查资料汇集软件平台,综合分析各类资料,理清各类资料与防灾对象、小流域之间的对应关系,确定小流域分析单元和分析评价对象,进一步论证已有基础资料的完整性以及存在的问题,及时提出处理措施,从而达到分析评价的目的。

（2）分析评价对象的确定。

①根据山洪灾害调查结果,确定需要进行山洪灾害分析评价的沿河村落、集镇、城镇等防灾对象,提供防灾对象的基本信息,编制防灾对象名录,填报分析对象名录;

②根据下发的小流域资料,确定小流域分析对象,填报小流域对象名录,建立小流域对象与小流域内沿河村落、集镇、城镇等防灾对象关联关系表,使防灾对象、分析断面对象、分析流域有机结合起来。

（3）设计暴雨计算。

①确定设计暴雨历时;

②确定设计暴雨频率;

③确定设计暴雨雨型或时程分配方法。

（4）产流计算。

①前期影响雨量参数的确定;

②产流计算方法的分析确定及参数率定;

③计算各时段净雨量。

（5）汇流计算。

①经验公式法；

②地貌单位线法；

③不同频率设计洪水分析计算。

（6）不同频率设计洪峰流量相应水位确定以及危险区属性资料分析。

①根据外业测量的大断面资料，采用比降面积法分析计算各断面的水位流量关系曲线；

②根据不同频率设计洪峰流量在水位流量关系曲线上查得相应水位；

③根据外业勘测资料绘制高程与人口分布曲线；

④根据外业调查资料和 5 年一遇、20 年一遇、100 年一遇设计洪水对应的水位在区域内的人口和房屋数量，填报附表 4。

（7）预警水位指标分析确定。

①根据 5 年一遇、10 年一遇、20 年一遇、50 年一遇、100年一遇五种频率及其相应流量在 P-Ⅲ 频率纸上点绘频率曲线；

②根据历史山洪灾害调查资料、山洪现状分析评价以及大断面和村镇特征点测量资料拟定成灾水位，并作为立即转移水位；

③根据分析计算出的 50 年一遇洪水过程，从出现立即转移水位时间点前推 30 min，对应的水位作为准备转移水位；

④把拟定的准备转移水位、立即转移水位作为相应断面的水位预警指标；

⑤根据准备转移水位、立即转移水位值,在水位流量曲线上查得相应流量,并在频率曲线上查得相应频率,用于现状分析评价。

(8)预警雨量指标分析计算。

①由于中小河流面积较小,可以把不同频率的点雨量作为面雨量,点绘 $P + P_a$—Q_m 关系曲线;

②根据准备转移水位、立即转移水位值相应的流量,在 $P + P_a$—Q_m 关系曲线上查得相应的 $P + P_a$ 值,那么 P 即为前期影响雨量为 P_a 时的 24 h 预警雨量,然后分别计算不同前期影响雨量对应的雨量预警指标;

③根据暴雨时程分配比例,将 24 h 预警雨量值转换为 0.5 h、1 h、3 h、6 h、流域汇流时间等预警雨量值,填报附表 5 各要素。

(9)危险区图标绘以及成果汇总。

①根据外业调查资料和 5 年一遇、20 年一遇、100 年一遇设计洪水对应的水位以及实测沿河村镇房基高程测量资料,划定极高、高危、危险区域图,并在河南省防汛抗旱指挥部办公室山洪灾害调查汇集平台上开展区域标绘,形成矢量图层;

②山洪灾害分析评价报告编写;

③成果审查、验收。

第 5 章　调查数据整理

5.1　内业调查数据分析整理

　　根据内业调查获取的行政区划名录、企事业单位名录、行政区划基本情况表、企事业单位基本情况表、历史山洪灾害情况统计表、涉水工程数量统计表、县(市)社会经济基本情况统计表、居民家庭财产分类对照表、住房情况典型样本调查表、居民住房类型对照表等,理清各类对象之间的关联关系;根据历史山洪灾害发生情况,初步列出发生历史山洪灾害的小流域名录,并初步判定发生山洪灾害的沿河村落及其清单。填报分析评价名录表,见表 5-1。

表 5-1　分析评价名录表

序号	县(区、市、旗)名称	县(区、市、旗)代码			
		行政区划名称	行政区划代码	所在流域代码	控制断面代码

填表说明:

1. 县(区、市、旗)名称:填写调查对象所在的县(区、市、旗)的名称。

2. 县(区、市、旗)代码:县(区、市、旗)名称对应的行政区代码,采用山洪灾害调查成果填写。

3. 行政区划名称:填写沿河村落、集镇、城镇等防灾对象的名称。

4. 行政区划代码:填写沿河村落、集镇、城镇等防灾对象的行政区划代码。

5. 所在流域代码:填写防灾对象所在流域的统一代码,由系统自动给出。

6. 控制断面代码:填写防灾对象所在控制断面的代码,由系统自动给出。

5.2　外业调查数据分析整理

根据防治区基本情况调查表、危险区基本情况调查表判定山洪灾害防治保护对象及分析评价断面和小流域对象,并明确各危险区中企事业单位、塘(堰)坝工程、路涵工程、桥梁工程、沿河村落居民户、重要城(集)镇居民户等隶属关系,检查各类资料的完整性,提出补充完善措施。

5.3　小流域基础资料提取

山洪灾害防治小流域是分析评价的基本单元。在前期工作中,基于 1∶50 000 DEM 划分了小流域,提取了相应的属性数据。要把划分的小流域与内外业调查资料进行综合分析,确定历史上曾经发生过山洪灾害的小流域,作为分析评价的小流域单元,分析整理小流域面积、平均比降等地貌参数。由于原先提取的小流域基础资料与实际分析计算断面以上小流域不相匹配,需要根据外业调查确定的河道断面重新提取各计算断面以上的小流域资料,包含流域特征资料和对应的地貌单位线。例如,表 5-2 为新县部分小流域特征资料分析整理成果表。

表 5-2　新县部分小流域特征资料分析整理成果表

编码	面积 (m²)	平均坡度	形状系数	最长汇流路径 (m)	最长汇流路径比降	形心坐标 X	形心坐标 Y	出口积水面积 (m²)	平均糙率	下渗率
WEA1100121FA0000	16121250	0.3948	0.39	6423	0.0436	114.579	31.5799	25794	0.45	9.49
WEA1400121E00000	21323750	0.5082	0.24	9370	0.0296	114.832	31.6196	34118	0.53	2.86
WEA1400127000000	218125	0.2542	0.11	1422	0.0386	114.868	31.6179	317009	2.89	2.37
WEA1400127000000	218125	0.2542	0.11	1422	0.0386	114.868	31.6179	317009	2.89	2.37
WEA1400127000000	218125	0.2542	0.11	1422	0.0386	114.868	31.6179	317009	2.89	2.37
WEA1430100000000	24439375	0.3892	0.19	11391	0.0196	114.68	31.69	39103	0.65	5
WEA1600121000000	15301250	0.3667	0.33	6831	0.0591	115.14	31.6142	24482	0.49	2.23
WFA9600122GC0000	16642500	0.3279	0.24	8376	0.0252	114.555	31.5068	43729	0.82	3.12
WFA9700124B00000	361875	0.1213	0.28	1147	0.0431	114.766	31.4971	121198	1.06	0.91
WEA1100122FCC000	23744375	0.3371	0.15	12641	0.0084	114.574	31.6658	59788	0.55	10.74

续表 5-2

编码	名称	面积（m²）	平均坡度	形状系数	最长汇流路径（m）	最长汇流路径比降	形心坐标 X	形心坐标 Y	出口积水面积（m²）	平均糙率	下渗率
WEA1400122J00000		18452500	0.2392	0.12	12291	0.0083	114.928	31.696	67232	0.81	3.75
WEA142020000000000		15151250	0.3937	0.17	9449	0.0283	115.076	31.6113	45892	0.96	2.39
WEA14302C0000000		20047500	0.4162	0.16	11106	0.0204	114.775	31.6731	56473	0.52	0.87
WEA17103R0000000		19772500	0.3586	0.21	9609	0.0113	115.223	31.6535	77217	0.56	1.11
WFA9700121GC0000		21355000	0.3725	0.14	12564	0.0413	114.586	31.5551	34168	0.45	10.04
WFA9800122F00000		21627500	0.3102	0.14	12503	0.0143	115.024	31.4478	62499	0.73	0.92
WEA1100121JA0000		14019375	0.1829	0.16	9325	0.0054	114.538	31.7836	22431	1.01	5.55
WEA1400121S00000		16006250	0.1835	0.15	10472	0.0059	115.04	31.771	25610	1.1	3.14

第 6 章　设计暴雨计算

设计暴雨计算所涉及的小流域指防灾对象控制断面以上或以其下游不远处为出口的完整集水区域。设计暴雨计算是无实测洪水资料情况下进行设计洪水计算的前提,也是确定预警临界雨量的重要环节,计算内容包括确定和分析小流域时段雨量、暴雨频率和暴雨时程分配。

6.1　暴雨历时确定

暴雨历时分析是根据流域大小和产汇流特性,确定小流域设计暴雨所需要考虑的最长暴雨历时及其典型历时。暴雨历时分析包括流域汇流时间、常规标准历时和自行确定历时3 类。

根据河南省设计暴雨分析计算的经验以及长期以来的应用实际,本项目暴雨历时选定为 1 h、3 h、6 h、流域汇流时间、24 h 等时段的设计暴雨,这样选择是十分合理的。

流域汇流时间的确定:根据小流域地貌单位线底宽确定,取整数,例如大于 5 h、小于 6 h 取 6 h,以此类推。

6.2　暴雨频率确定

分析评价计算暴雨的频率为 5 年一遇、10 年一遇、20 年一遇、50 年一遇、100 年一遇五种。

6.3　设计雨型确定

采用《河南省暴雨图集》提供的方法确定设计暴雨雨型,开展时程分配计算。

6.4　计算方法

由于计算单元均位于河南省山丘区,不仅没有流量资料,基本雨站也极少,即使有雨量站,也缺乏长系列的观测资料,因此在本项目设计暴雨分析计算时,采用《河南省暴雨图集》提供的基础资料和方法,完全能够满足《山洪灾害调查技术要求》。

利用 GIS 和河南省 1∶50 000 矢量图层,将小流域图层、《河南省暴雨各类图集》暴雨特征分布曲线叠加在矢量图层上。以每个小流域形心为特征点,提取各类暴雨参数值。

6.5　成果要求

提供分析对象相关特征点各时段雨量的均值 $\overline{H}$、变差系数 C_v、C_s/C_v 和各时段相应频率的雨量值 H_p,提供小流域的设计暴雨成果,详见表 6-1。

表 6-1　设计暴雨成果表

序号	流域代码	历时	均值 $\overline{H}$	变差系数 C_v	C_s/C_v	重现期雨量值（H_p）						
						可能最大暴雨*（PMP）	100 年（$H_{1\%}$）	50 年（$H_{2\%}$）	20 年（$H_{5\%}$）	10 年（$H_{10\%}$）	5 年（$H_{20\%}$）
1		10 min									
		1 h									
		6 h									
		24 h									
		汇流时间 τ									
		……									
2		10 min									
		1 h									
		6 h									
		24 h									
		汇流时间 τ									
		……									

续表 6-1

序号	流域代码	历时	均值 $\overline{H}$	变差系数 C_v	$C_\mathrm{s}/C_\mathrm{v}$	重现期雨量值(H_p)					
						可能最大暴雨*(PMP)	100 年 ($H_{1\%}$)	50 年 ($H_{2\%}$)	20 年 ($H_{5\%}$)	10 年 ($H_{10\%}$)	5 年 ($H_{20\%}$)
		10 min									
		1 h									
		6 h									
		24 h									
		汇流时间 τ									
		……									

填表说明：

1. 流域代码：填写暴雨设计成果所在小流域的代码。

2. 历时：设计暴雨成果的时段，分为 10 min、1 h、6 h、24 h，流域汇流时间(τ)及自定义时段。

3. 均值：填写各历时暴雨各历时的均值。

4. 变差系数：填写各历时的变差系数 C_v。

5. $C_\mathrm{s}/C_\mathrm{v}$：填写各历时的偏态系数 C_s 与变差系数 C_v 的比值。

第7章 设计洪水分析计算

设计洪水分析中,假定暴雨与洪水同频率,即 5 年一遇、10 年一遇、20 年一遇、50 年一遇、100 年一遇五种,基于设计暴雨成果,以沿河村落、集镇和城镇附近的河道控制断面为计算断面,进行各种频率设计洪水的计算和分析,得到洪峰、洪量、上涨历时、洪水历时四种洪水要素信息,再根据控制断面的水位流量关系,将洪峰流量转化为水位,并分析水位流量关系曲线类型,成果可直接为现状防洪能力评价、危险区等级划分和预警指标分析提供支撑。

7.1 产流计算

产流计算可以采用水文比拟法、暴雨图集中产流方案、初损后损法、蓄满产流模型(新安江)等方法。

7.1.1 水文比拟法(API 产流模型移用)

7.1.1.1 原理及方法

采用最新修订的有资料中小河流水文断面的预报方案移用到相似流域的产流计算,实践证明这是解决无资料地区洪水模拟的最有效的方法之一。

API 产流模型制作是以选定的流域为单元,根据长系列的水文资料,计算每场洪水降雨量 P、净雨深 R、前期影响雨量 P_A,建立 $P—P_A—R$ 关系曲线。对于某一频率的设计暴雨,第

i 个时段的累计降雨为 P_i，第 $i+1$ 个时段的累计降雨为 P_{i+1}，分别查得累计净雨深 R_i、R_{i+1}，那么 $R_{i+1}-R_i$ 即为第 i 个时段的净雨深。以此类推，可以计算出每个时段的净雨深，作为汇流计算的基础。

1. 水文分区

主要考虑气候和流域下垫面的自然特点，按照地形、植被、土壤和人类活动影响，将全省山丘区划为六个分区，见表 7-1。使用时，一般首先按工程所在位置的汇水面积查到所属水文分区，然后选用本区的水文计算参数。如通过调查设计小区的地表特征确实与地区综合的实际情况有较大差别时，特殊情况经过认真分析比较，也可按照本地的地表特征跨区选用条件相似分区的水文参数，见表 7-2、表 7-3。

表 7-1　山丘区水文分区

分区	范围	地表特征
I	淮河干流、淮南山丘区	年雨量丰沛，植被良好，多水稻田。土壤以黏性土为主，丘岗地区面上蓄水圹堰坝和梯田较多，坡面和河道的调蓄能力较大
II	洪汝河、唐白河、丹江浅山丘陵区	气候较湿润，水土保持尚好。山坡多有草皮和灌木林，坡面和岸边广植农作物，土壤主要为黏性土和黏性壤土
III	沙颍河山丘区	年雨量偏少，水土保持较差，山坡土层浅薄或岩石出露，有少量植被，坡面和河道的调蓄能力较小
IV	伏牛山深山区	地面高程在 500~1 000 m，居民和耕地稀少，人类活动影响小。山坡林木茂密，水土保持较好
V	伊、洛、沁河中下游和其他黄河支流山丘区	气候较干旱，山区植物稀少。西部黄河两岸为黄土沟豁区，水土流失严重，土壤多为粉质壤土和沙壤土
VI	豫北太行山区	地面高程在 100~1 000 m，地形起伏大，坡度陡，植被差，季节性河流洪水陡涨陡落。部分石灰岩山区裂隙发育，渗漏损失量大

表 7-2　山洪灾害评价县(市、区)所属水文分区表

所属水文分区	县(市、区)名称
1	66 浉河区、67 平桥区、68 罗山县、69 光山县、70 新县、71 商城县、72 固始县、73 潢川县、74 驿城区
2	55 卧龙区、56 南召县、57 方城县、58 西峡县、59 镇平县、60 内乡县、61 淅川县、62 社旗县、63 唐河县、64 桐柏县、65 邓州市、75 西平县、76 确山县、77 泌阳县、78 遂平县
3	4 新密市、5 新郑市、6 登封市、13 汝阳县、18 新华区、19 石龙区、20 宝丰县、21 叶县、22 鲁山县、23 郏县、24 舞钢市、25 汝州市、46 襄城县、47 禹州市、48 长葛市
4	11 栾川县、12 嵩县、14 宜阳县、15 洛宁县、16 伊川县、52 卢氏县
5	1 二七区、2 巩义市、3 荥阳市、7 吉利区、8 洛龙区、9 孟津县、10 新安县、17 偃师市、49 湖滨区、50 渑池县、51 陕县、53 义马市、54 灵宝市、79 济源市
6	26 龙安区、27 安阳县、28 汤阴县、29 林州市、30 鹤山区、31 山城区、32 淇滨区、33 浚县、34 淇县、35 凤泉区、36 卫辉市、37 辉县市、38 解放区、39 中站区、40 马村区、41 山阳区、42 修武县、43 博爱县、44 沁阳市、45 孟州市

2. 设计暴雨计算

图集中提供的暴雨参数,分为 10 min、1 h、6 h、24 h 四种历时。根据流域特性和工程要求,选择所需要的时段长度进

行设计暴雨计算,包括设计时段点雨量、面雨量、暴雨递减指数和 24 h 雨型。

表 7-3　现有中小河流水文断面所属水文分区表

分区	范围	地区
1	淮河干流、淮南山丘区	谭家河、大坡岭、新县、北庙集、固始、潢川、竹竿铺、石山口、泼河、五岳、白雀园、鲇鱼山、南湾、长台关
2	洪汝河、唐白河、丹江浅山丘陵区	板桥、石漫滩、薄山、宋家场、平氏、白土岗、李青店、口子河、内乡、赵湾、半店、西平、米平、西峡
3	沙颍河山丘区	中汤、下孤山、娄子沟、告成、新郑
4	伏牛山深山区	栾川、潭头、卢氏
5	伊、洛、沁河中下游和其他黄河支流山丘区	窄口、济源、五龙口
6	豫北太行山区	修武、宝泉、弓上、小河子、双泉、横水、新村

1) 设计点雨量

采用下式计算:

$$H_{tp} = \overline{H_t} \cdot K_p \tag{7-1}$$

式中,H_{tp} 为 t 时段设计频率为 p 的点雨量;$\overline{H_t}$ 为 t 时段点雨量均值;K_p 为频率为 p 的模比系数,由雨量变差系数 C_v 查 P-Ⅲ型曲线 K_p 值表求得,偏态系数 $C_s = 3.5 C_v$。H_t 和 C_v 分别在相应历时等值线图上的流域重心处读取。

其他不同历时的设计点雨量通过暴雨递减指数由下列各式计算:

$$t < 1\ \text{h} \qquad H_{tp} = H_{1p} \cdot t^{1-n_1} \tag{7-2}$$

$$1\ \text{h} < t < 6\ \text{h} \qquad H_{tp} = H_{1p} \cdot t^{1-n_2} \tag{7-3}$$

$$6\ \text{h} < t < 24\ \text{h} \qquad H_{tp} = H_{24p} \cdot 24^{n_3-1} \cdot t^{1-n_3} \tag{7-4}$$

式中，H_{1p}、H_{24p} 为设计 1 h、24 h 点雨量；t 为设计历时；n_1、n_2、n_3 为设计点暴雨递减指数。

根据以上公式可以计算出 2 h、3 h、4 h、5 h、7 h、8 h、9 h、10 h、11 h、12 h、13 h、14 h、15 h、16 h、17 h、18 h、19 h、20 h、21 h、22 h、23 h 时段的设计暴雨值。

2）设计面雨量

根据设计流域所在水文分区，查短历时暴雨时面深（t—F—a）关系图，求得不同历时暴雨的点面折减系数 a 值，乘设计点雨量即得设计面雨量。

50 km² 以下小流域，面雨量可采用点雨量，不再开展点面关系转换。

3）暴雨递减指数 n

按照历时关系 n 分为三段：1 h 以下为 n_1，1 ~ 6 h 为 n_2，6 ~ 24 h 为 n_3。用于小型农田水利工程计算常遇频率洪水时，可以不考虑频率的变化及暴雨点面关系的影响，直接从 $\overline{n_1}$、$\overline{n_2}$、$\overline{n_3}$ 等值线图上查得；用于中小型水库计算稀遇频率洪水时，则考虑不同时段雨量变差系数 C_v 及暴雨点面关系的影响，采用下式计算：

$$n_{1p} = 1 - 1.285\lg \frac{a_1 H_{1p}}{a_{10} H_{10'p}}$$

$$n_{2p} = 1 - 1.285\lg \frac{a_6 H_{6p}}{a_1 H_{1p}}$$

$$n_{3p} = 1 - 1.661 \lg \frac{a_{24}H_{24p}}{a_6 H_{6p}}$$

式中，n_{1p}、n_{2p}、n_{3p} 为三种时段设计暴雨递减指数；$H_{10'p}$、H_{1p}、H_{6p}、H_{24p} 分别为同一设计频率年最大 10 min、1 h、6 h、24 h 点雨量；a 为暴雨点面折减系数。

3. 设计净雨计算

在开展小流域水利工程规划设计时，通常情况下，前期影响雨量采用 $0.5W_m$。考虑到为分析计算更加全面，以及为后续分析打下基础，在进行分析计算时，前期影响雨量分 $0.2W_m$、$0.5W_m$、$0.8W_m$ 三种情况分别计算设计净雨和设计洪水。在开展防洪现状分析评价、危险区划定、转移路线确定时，采用 $0.5W_m$ 的计算结果；在进行雨量预警指标分析计算时，三种结果都要用到。各种时段净雨时程分配系数表见表 7-4 ~ 表 7-12。

表 7-4　6 h 净雨概化时程分配系数表

暴雨递减指数最小值	暴雨递减指数最大值	时段 1 (%)	时段 2 (%)	时段 3 (%)	时段 4 (%)	时段 5 (%)	时段 6 (%)
0.40	0.50	10	12	16	38	14	10
0.51	0.60	8	10	16	44	12	10
0.61	0.70	7	7	15	54	10	7
0.71	0.80	5	6	12	64	8	5

表 7-5　3 h 净雨概化时程分配系数表

暴雨递减指数最小值	暴雨递减指数最大值	时段 1(%)	时段 2(%)	时段 3(%)
0.40	0.50	21	56	23
0.51	0.60	17	61	22
0.61	0.70	13	68	19
0.71	0.80	9	76	15

7.1.1.2　产流模型移用及应用分区

　　由于《河南省暴雨图集》中的产汇流参数是根据 1980 年之前资料分析确定的,几十年来,下垫面情况发生了重大变化,《河南省暴雨图集》中的产流部分参数与实际情况相差大,因此在进行产流计算时优先采用水文比拟法;在没有可以移用水文预报方案时,可以采用《河南省暴雨图集》中的产流方案开展产流计算。《河南省暴雨图集》将全省划分为 6 个水文分区,每个分区中都有多个中小河流水文站,把这些水文站的水文模型分别归纳到对应的水文分区中,在开展山洪灾害评价断面产流计算时,从相应分区中选择自然地理、植被、土壤、平均坡降相近的水文站的产流方案开展产流计算。为了便于说明,以下列举了新县、淅川等 7 个县分析区域作为产流方案移用例子。各分析评价区域产流方案及其移用区域划分数量见表 7-13。

表 7-6　24 h（除最大 6 h 外）净雨概化时程分配系数表

（%）

暴雨递减指数最小值	暴雨递减指数最大值	t_1	t_2	t_3	t_4	t_5	t_6	t_7	t_8	t_9	t_{10}	t_{11}	t_{12}
0	0.6	0	0	0	0	4	5	6	8	8	10	10	0
0.61	0.70	0	0	0	0	0	0	6	6	9	10	10	0
0.70	1.0	0	0	0	0	0	0	0	6	10	12	12	0

暴雨递减指数最小值	暴雨递减指数最大值	t_{13}	t_{14}	t_{15}	t_{16}	t_{17}	t_{18}	t_{19}	t_{20}	t_{21}	t_{22}	t_{23}	t_{24}
0	0.6	0	0	0	0	0	10	8	8	6	6	6	5
0.61	0.70	0	0	0	0	0	14	10	9	7	7	6	6
0.70	1.0	0	0	0	0	0	16	12	10	10	6	6	0

表 7-7 各种重现期最大设计点雨量成果表

序号	流域代码	设计时段 (h)	重现期雨量值（H_p）					
			100 年（$H_{1\%}$）	50 年（$H_{2\%}$）	20 年（$H_{5\%}$）	10 年（$H_{10\%}$）	5 年（$H_{20\%}$）
		1/6					
		1					
		2					
		3					
		4					
		5					
		6					
		7					
		8					
		9					
		10					
		11					
		12					
		13					
		14					
		……					
		……					
		24					

表 7-8 各种重现期最大设计面雨量成果表

序号	流域代码	设计时段 (h)	重现期雨量值(H_p)					
			100 年($H_{1\%}$)	50 年($H_{2\%}$)	20 年($H_{5\%}$)	10 年($H_{10\%}$)	5 年($H_{20\%}$)
		1/6					
		1					
		2					
		3					
		4					
		5					
		6					
		7					
		8					
		9					
		10					
		11					
		12					
		13					
		14					
		……					
		……					
		24					

表 7-9 各种重现期 24 h 设计净雨时程分配表

序号	流域代码	PA	IM	时段(h)	重现期雨量值(H_p)				
					100 年($H_{1\%}$)	50 年($H_{2\%}$)	20 年($H_{5\%}$)	10 年($H_{10\%}$)	5 年($H_{20\%}$)
				1					
				2					
				3					
				4					
				5					
				6					
				7					
				8					
				9					
				10					
				11					
				12					
				13					
				14					
				……					
				……					
				24					

表 7-10　各种重现期 6 h 设计净雨时程分配表

序号	流域代码	PA	IM	时段(h)	重现期雨量值(H_p)				
					100 年($H_{1\%}$)	50 年($H_{2\%}$)	20 年($H_{5\%}$)	10 年($H_{10\%}$)	5 年($H_{20\%}$)
				1					
				2					
				3					
				4					
				5					
				6					

表 7-11　各种重现期 3 h 设计净雨时程分配表

序号	流域代码	PA	IM	时段(h)	重现期雨量值(H_p)				
					100 年($H_{1\%}$)	50 年($H_{2\%}$)	20 年($H_{5\%}$)	10 年($H_{10\%}$)	5 年($H_{20\%}$)
				1					
				2					
				3					

表 7-12 河南省短历时暴雨时面深关系表

水文分区	时段(h)	流域面积（km²）										
		0	100	200	300	400	500	600	700	800	900	1 000
1	1	1.00	0.93	0.87	0.83	0.80	0.78	0.76	0.74	0.73	0.71	0.70
1	6	1.00	0.94	0.89	0.86	0.83	0.81	0.79	0.78	0.77	0.75	0.74
1	24	1.00	0.95	0.91	0.88	0.86	0.85	0.84	0.83	0.82	0.81	0.80
2	1	1.00	0.90	0.83	0.78	0.75	0.72	0.70	0.68	0.66	0.64	0.62
2	6	1.00	0.92	0.86	0.82	0.79	0.76	0.74	0.72	0.71	0.69	0.68
2	24	1.00	0.94	0.89	0.85	0.83	0.80	0.78	0.77	0.76	0.76	0.75
3	1	1.00	0.84	0.78	0.73	0.69	0.65	0.62	0.60	0.58	0.56	0.54
3	6	1.00	0.86	0.80	0.76	0.73	0.70	0.68	0.66	0.64	0.62	0.60
3	24	1.00	0.88	0.83	0.79	0.77	0.74	0.73	0.71	0.70	0.69	0.68

表7-13　　各分析区域产流方案移用及区域划分数量表

序号	分析评价区域	产流方案移用水文站名称	移用区划数量(个)	备注
1	新县	新县、许台水文站	2	
2	淅川	西峡、米平水文站	2	
3	西峡	西峡、西平水文站	2	
4	内乡	内乡水文站	1	
5	南召	白土岗、李青店、口子河水文站	3	
6	鲁山	鸡冢、中汤、下孤山水文站	3	
7	叶县	燕山、孤石滩水文站	2	

7.1.2　初损后损法

7.1.2.1　基本概念和方程

在该方法中,假定在一场降雨过程中最大潜在降雨损失 f_c 为一常数,因此如 P_t 代表在时段 t 到 $t + \Delta t$ 内的平均面雨深度,则时段内的净雨 P_{et} 可表示为:

当 $P_t > f_c$ 时, $P_{et} = P_t - f_c$;

当 $P_t < f_c$ 时, $P_{et} = 0$。

初损 I_a 代表截留和填洼蓄水量,截留是地表覆盖(包括流域内的植物)对降雨的吸收,填洼蓄水是由地表洼地引起的。截留和填洼的水量最终下渗或蒸发掉。初损出现在径流形成之前。

透水面积上,在累计降雨超过初损 I_a 前不产流,因此净雨可计算为:

当 $\sum P_i < I_a$ 时, $P_{et} = 0$;

当 $\sum P_i > I_a, P_t > f_c$ 时, $P_{et} = P_t - f_c$;

当 $\sum P_i > I_a, P_t < f_c$ 时, $P_{et} = 0$。

7.1.2.2 初损和稳定损失率的估算

实际上,初损后损模型中包含着一个参数(稳定下渗率)和一个初始条件,分别表示流域物理特性和土地利用情况及前期条件。如果流域处于饱和状态, I_a 近于0,如果流域是长期干燥的,则 I_a 增大,其最大值代表在产生径流之前流域内最大降雨深,该值取决于流域地表、土地利用情况和土壤类型等。系统中提前1个月,计算各小流域的前期影响雨量。

可以将稳定损失率看作土壤的稳定下渗能力,其大小最好通过率定方法确定。

7.1.3 蓄满产流模型

7.1.3.1 计算原理

蓄满产流,在降雨量较充沛的湿润、半湿润地区,地下潜水位较高,土壤前期含水量大,由于一次降雨量大,历时长,降水满足植物截留、入渗、填洼损失后,损失不再随降雨延续而显著增加,土壤基本饱和,从而广泛产生地表径流,降雨损失则按稳定下渗率下渗,此时的地表径流不仅包括地面径流,也包括壤中流和其他形式的浅层地下水产流,方程如下:

记 $PE = P - K \times EM$,其中 P 为时段降水量, E 为时段蒸发量, R 为时段产流总量, W_m 为流域平均蓄水容量, W_0 为流域初始平均蓄水量, W_{mm} 为流域内最大的点蓄水容量, B 为蓄水容量抛物线指数, IMP 为流域不透水面积占全流域面积之比; A 为前期最大点蓄水容量。蓄水容量曲线用 B 次抛物线表示为: $A = 1 - (1 - W_m / W_{mm})^B$。设:

$$W_{mm} = \frac{1+B}{1-IMP} W_m$$

$$A = W_{mm}\left[1 - \left(1 - \frac{W_0}{W_m}\right)^{\frac{1}{B+1}}\right]$$

当 $PE \leqslant 0$ 时，$R = 0$。

当 $PE > 0$，且 $PE + A < W_{mm}$ 时，有：

$$R = PE - (W_m - W_0) + W_m\left(1 - \frac{PE+A}{W_{mm}}\right)^{B+1}$$

当 $PE > 0$，且 $PE + A \geqslant W_{mm}$ 时，有：

$$R = PE - (W_m - W_0)$$

蓄满产流模型示意图如图7-1所示。

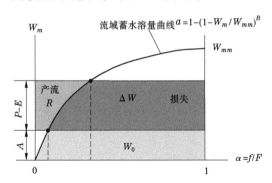

图 7-1　蓄满产流模型示意图

7.1.3.2　计算参数

本示例中，为了方便计算，洪水期间的时段蒸发量暂不考虑，则蓄满产流模型待定参数主要为流域平均蓄水容量、蓄水容量抛物线指数、流域不透水面积比 IMP 和饱和条件下的稳定下渗率。参数分析与率定如下：

（1）流域平均蓄水容量 W_m 为流域蓄水容量的平均值，是流域的综合平均指标，一般可采用实测洪水资料分析确定，针对本流域及资料情况,W_m 值根据区域综合法估算。

(2)蓄水容量抛物线指数 B 反映流域蓄水容量分布的不均匀性,一般取 0.1~0.3。

(3)不透水面积比 IMP 根据经验分析确定。

(4)稳定下渗率根据试验结果或率定经验确定。

7.2 汇流计算

根据山洪的特点,汇流计算成果主要包括洪峰流量、洪量、上涨历时、洪水历时。可以采用经验公式法、地貌单位线法、水文比拟法、洪峰模数法、水面线法、分布式模型等方法。汇流计算时依据的设计暴雨时段为 1 h、3 h、6 h、24 h、汇流时间 5 种时段,计算时段为 30 min。

7.2.1 计算方法

7.2.1.1 经验公式法

在进行山区中小流域设计暴雨洪水计算时,推理公式以其概念明确、计算简便等特点得到了广泛的应用。推理公式为:

$$Q = 0.278 \frac{h_t}{\tau}F \quad 和 \quad \tau = 0.278 \frac{L}{mJ^{1/3}Q^{1/4}}$$

当 $T_c \geq \tau$ 时,全面产流,$h_\tau = h_\tau$;

当 $T_c < \tau$ 时,部分产流。

其中,τ 为汇流时长,h;L 为主河道河长,km;F 为流域面积,km^2;J 为主河道比降;Q 为洪峰流量,m^3/s;T_c 为产流历时,h;h_τ 为产流历时 T_c 内的净雨,mm;m 为汇流参数。

推理公式采用试算法计算洪峰流量及汇流时长。

7.2.1.2　地貌单位线法

小流域山洪特性取决于降雨特性和流域特性两个方面，在降雨特性一定的情况下，主要取决于小流域本身的特性。小流域特性主要包括流域大小、形状、地形地貌以及土壤植被等。流域汇流单位线是流域大小、形状、地形地貌以及土壤植被等综合作用的结果。利用汇流单位线，间接反映小流域的山洪特性。由于小流域大都没有水文资料，因此不能采用传统的基于水文资料的单位线计算方法。

采用一种直接基于流域地形地貌及植被特征的单位线计算方法，该方法的理论基础为流域中水质点汇流时间的概率密度分布函数等价于单位线。计算方法的基本思路为：首先分析计算小流域中各栅格内径流滞留时间，然后根据汇流路径得到每一点的径流到达小流域出口的汇流时间，最后计算汇流时间的概率密度分布及地貌单位线。

根据时段净雨和地貌单位线分别开展不同频率的设计洪水汇流计算，得到各种频率的洪水过程。

7.2.1.3　水文比拟法

采用相似流域的汇流方案开展无资料流域汇流计算。在流域自然地理、坡降、植被、土壤相近的流域，可以依据两个流域面积比值，对有资料流域的汇流单位线进行缩放，作为无资料中小河流断面汇流计算单位线。

7.2.1.4　洪峰模数法

对于同一个小流域相距较近的河道断面，在下断面完成汇流计算后，可采用洪峰模数计算同一场洪水上断面的洪峰流量。

7.2.1.5　水面线法

对于同一小流域，如果新近发生过大洪水，沿河调查有这场洪水可靠的洪痕,则可以绘制出这场洪水水面线。根据以上方法计算出下断面设计洪水的流量、水位,假定新近发生的大洪水水面比降与计算的设计洪水相同,可以根据下断面水位推出上游各断面水位,再根据水位流量关系分别获得相应流量。

7.2.1.6　分布式模型

采用已经建立的分布式水文预报系统开展产汇流计算。例如美国工程师兵团的洪水预报系统 HEC – HMS 等。在此不做详细说明。

7.2.2　计算要求

(1)一般情况下可采用推理公式方法,并与当地区域审查过的资料进行对比分析。

(2)当地如果有比较成熟的计算方法和成果,要充分利用。

(3)对于采用的方法,要对其结果进行检验分析,以确定方法中合理的参数。

(4)对于有小水库的流域,在进行不同频率暴雨条件下的汇流计算时,要根据小水库的设计标准,将小水库对汇流计算的影响进行分析与扣除。

7.2.3　设计洪水成果案例

按照以上方法可以计算每个小流域设计洪水过程,得到小流域设计洪水成果。表 7-14、图 7-2 是一个小流域设计洪水计算案例,从中可以获取各频率设计洪水涨洪历时、洪峰流量、洪量等要素。

表 7-14 一个小流域设计洪水过程线计算案例成果

序号	时间	$p=1\%$	$p=2\%$	$p=5\%$	$p=10\%$	$p=20\%$
1	0	0	0	0	0	0
2	0.5	3.3	2.7	1.9	1.3	0.9
3	1	6.6	5.3	3.8	2.8	1.8
4	1.5	11.2	8.9	6.2	4.3	2.7
5	2	19	13.7	9.3	6.6	4.2
6	2.5	38.1	28.1	17.7	11.1	6
7	3	61.4	47.1	30.5	19.4	10.6
8	3.5	85.1	66	44.1	29.1	17
9	4	109	85.8	58	38.7	23.3
10	4.5	134	106	72.2	48.1	29.8
11	5	147	121	86.4	58.6	36.5
12	5.5	154	129	94.7	70.1	43.1
13	6	148	126	99	76.6	49.2
14	6.5	140	121	96.6	75.4	52
15	7	132	115	93.4	71.4	54.2
16	7.5	123	109	88.6	68	52.5
17	8	116	102	84	64.4	49.8
18	8.5	107	95.5	79.3	60.9	47.1
19	9	98	88.1	74.3	56.6	44.6
20	9.5	88.3	80.1	68.5	52.3	42
21	10	79.9	72.2	62.5	47.7	39.3
22	10.5	73.7	66	56.4	43.6	36.6
23	11	68.4	61.2	51.9	40.8	33.9
24	11.5	63.8	57	48.4	38	31.6

续表 7-14

序号	时间	$p=1\%$	$p=2\%$	$p=5\%$	$p=10\%$	$p=20\%$
25	12	60.2	53.5	45.1	35.4	29.4
26	12.5	56.8	50.4	42.3	33.1	27.3
27	13	53.6	47.7	39.9	31.3	25.1
28	13.5	50.4	45	37.8	29.7	23.3
29	14	47.6	42.5	35.8	28.1	22.2
30	14.5	45.3	40.2	33.8	26.5	21
31	15	42.9	38.1	32	25.2	19.9
32	15.5	40.7	36.2	30.4	24	18.8
33	16	38.7	34.5	28.9	22.9	17.9
34	16.5	36.8	32.8	27.5	21.7	17.2
35	17	35	31.2	26.2	20.7	16.4
36	17.5	33.3	29.8	25	19.8	15.6
37	18	31.6	28.3	23.9	18.9	14.9
38	18.5	30.3	27	22.8	18	14.2

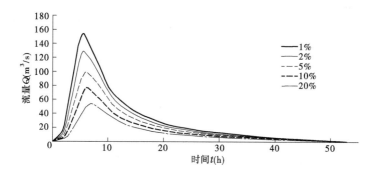

图 7-2　断桥村各典型频率设计洪水过程

7.3　水位流量关系计算及设计水位分析

7.3.1　水位流量关系计算

采用水位流量关系或曼宁公式等水力学方法,将沿河村落、集镇和城镇河道控制断面设计洪水洪峰流量转换为对应的水位,绘制水位流量关系曲线。具体可参照《水工建筑物与堰槽测流规范》(SL 537—2011)比降面积法进行计算。

根据本次量算的河道断面资料,计算出河道坡降及控制断面水力参数,采用曼宁公式推求控制断面水位流量关系,计算公式为:

$$Q = \frac{1}{n} \times A \times R^{2/3} \times J^{1/2}$$

式中　　Q——流量,m^3/s;

　　　　n——河床糙率;

　　　　A——相应水位过水断面面积,m^2;

　　　　R——$R = A/\chi$,其中 R 为水力半径,m,χ 为湿周,m;

　　　　J——水力坡降。

根据该方法可以分析计算出每个断面的水位流量关系曲线,例如图 7-3 为某断面水位流量关系计算成果案例。图中水位是临时基面水位,在实际分析计算时统一为 1985 黄海高程系。

7.3.2　各频率设计洪水洪峰流量的相应水位推求

根据已经计算获取的各频率设计洪水洪峰流量,在水位流量关系曲线上可以查得相应水位。

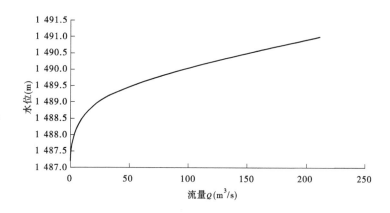

图 7-3　控制断面水位流量关系曲线

7.3.3　水位流量人口关系曲线绘制

水位流量人口关系曲线绘制分两种情况：

（1）当该沿河村落所有房基高程全部测量时，统计不同高程的人口数，概化到分析断面上，直接绘制高程人口分布曲线，并形成数据库表。在绘制高程人口分布曲线时，将最高房基高程减去最低房基高程获得高程差值，将高程差分为 9 等分，根据高程差的大小，以 0.1 m 的倍数为相邻竖坐标差值，绘制初始高程人口分布曲线，并把实测点概化至分析计算大断面上。

（2）当该沿河村落居民户不完全测量时，必须控制好该村落最低和最高房基高程，采用以下办法进行高程人口曲线绘制，并形成数据库表。

采用已经测量的房基高程资料初步绘制高程人口分布曲线，即将最高房基高程减去最低房基高程获得高程差值，将高程差分为 9 等分，根据高程差的大小，以 0.1 m 的倍数为竖坐标差值,绘制初始高程人口分布曲线,并把实测点概化至分析计算大断面上。

假定沿河村落居民户的高程分布基本为正态分布,即村落内房基高程平均值附近分布的人口最多,最低点高程和最高点高程人口分布少。利用该村落"总人口"与房基测量户人口之和比值作为放大倍数,采用正态分布权重对初始高程人口分布曲线中的人口进行倍比放大,获得该村落最终的高程人口分布曲线。假定人口正态分布最大值是最小值的 5 倍,正态分布权重系数可参见表 7-15。

表 7-15　正态分布权重系数

点序	1	2	3	4	5	6	7	8	9	10
权重	1/26	1/13	3/26	2/13	5/26	2/13	3/26	1/13	1/26	1/26

7.3.4　控制断面水位—流量—户数(总房屋数)关系曲线

根据已经绘制的控制断面水位—流量—人口关系曲线和危险区中总人口、总户数、总房屋数资料,计算每户平均人口、每户平均房屋数,将控制断面水位—流量—人口关系转换为控制断面水位—流量—户数关系曲线和控制断面水位—流量—房屋数关系曲线以及对应数据库表。

根据计算结果填写控制断面水位—流量—人口关系表,见表 7-16。

7.4　合理性分析

采用以下方式,进行设计洪水的合理性分析:

（1）与历史洪水资料或本地区调查大洪水资料进行比较分析。

（2）与本地区实测洪水资料成果进行比较分析。

（3）与气候条件、地形地貌、植被、土壤、流域面积和形状、河流长度等方面均高度相似情况的设计洪水成果进行比较分析。

（4）采用多种方法进行分析计算，比较分析所有成果。

7.5　成　果

（1）提供分析对象控制断面各频率（重现期）设计洪水的洪峰、洪量、上涨历时、洪水历时等洪水要素以及控制断面各频率洪峰水位等信息，详见表7-16。

（2）提供控制断面水位—流量—人口关系，详见表7-17。

（3）提供的成果简明扼要，方便决策管理部门使用。

表 7-16　控制断面水位—流量—人口关系表

序号	行政区划名称	行政区划代码	流域代码	控制断面代码	水位	流量（m³/s）	重现期（年）	人口（人）	户数*（户）	房屋数*（座）	备注
1							100				
							50				
							20				
							10				
							5				
2							100				
							50				
							20				
							10				
							5				

续表 7-16

序号	行政区划名称	行政区划代码	流域代码	控制断面代码	水位	流量（m³/s）	重现期（年）	人口（人）	户数*（户）	房屋数*（座）	备注
……											

填表说明：

1. 行政区划名称：填写沿河村落、集镇、城镇等防灾对象的名称。
2. 行政区划代码：填写沿河村落、集镇、城镇等防灾对象的行政区划代码。
3. 流域代码：填写防灾对象所在流域的代码。
4. 控制断面代码：填写防灾对象所在控制断面的代码。
5. 水位、流量、重现期、人口、户数、房屋数：填写特征水位及重现期为 100 年（或历史最高）、50 年、20 年、10 年、5 年的设计洪水对应的水位（2 位小数）、流量（取整数）、重现期、人口、户数、房屋数等信息。
6. 备注：填写村落、集镇、城镇 3 个类别。
7. 如无资料，带 * 部分可不填。

表 7-17　控制断面设计洪水成果表

序号	行政区划名称	行政区划代码	流域代码	断面代码	P_a（mm）	设计暴雨时段（h）	洪水要素	重现期洪水要素值					备注
								100 年（$Q_{1\%}$）	50 年（$Q_{2\%}$）	20 年（$Q_{5\%}$）	10 年（$Q_{10\%}$）	5 年（$Q_{20\%}$）	
1							洪峰流量（m³/s）						
							洪量*（m³）						
							涨洪历时*（h）						
							洪水历时*（h）						
							洪峰水位（m）						
2							洪峰流量（m³/s）						
							洪量*（m³）						
							涨洪历时*（h）						
							洪水历时*（h）						
							洪峰水位（m）						

续表 7-17

序号	行政区划名称	行政区划代码	流域代码	断面代码	P_a (mm)	设计暴雨时段 (h)	洪水要素	重现期洪水要素值					备注
								100 年 ($Q_{1\%}$)	50 年 ($Q_{2\%}$)	20 年 ($Q_{5\%}$)	10 年 ($Q_{10\%}$)	5 年 ($Q_{20\%}$)	
…							洪峰流量（m³/s）						
							洪量*（m³）						
							涨洪历时*（h）						
							洪水历时*（h）						
							洪峰水位（m）						

填表说明：

1. 行政区划名称：填写沿河村落、集镇、城镇等防灾对象的名称。

2. 行政区划代码：填写沿河村落、集镇、城镇等防灾对象的行政区划代码。

3. 流域代码：填写防灾对象所在流域的代码。

4. 断面代码：填写防灾对象所在控制断面的代码。

5. 洪水要素及重现期：填写重现期为 PMF（可能最大洪水）、100 年（或历史最高）、50 年、20 年、10 年、5 年的设计洪水洪峰流量（取整数）、洪量（取整数）、涨洪历时（1 位小数）、洪水历时（1 位小数）、洪峰水位（2 位小数）等洪水要素设计成果。

6. 备注：填写村落、集镇、城镇 3 个类别。

7. 如无资料，带 * 部分可不填。

第8章 防洪现状评价

防洪现状评价是在设计洪水计算分析的基础上,分析沿河村落、集镇和城镇等防灾对象的现状防洪能力,进行山洪灾害危险区等级划分以及各级危险区人口及房屋统计分析,为山洪灾害防御预案编制、人员转移、临时安置等提供支撑。

现状防洪能力分析的主要内容是沿河村落、集镇和城镇等防灾对象成灾水位对应洪峰流量的频率分析,并根据需要辅助分析沿河道路、桥涵和沿河房屋地基等特征水位对应洪峰流量的频率,统计确定成灾水位(其他特征水位)、各频率设计洪水位下的累计人口和房屋数,综合评价现状防洪能力。

8.1 成灾水位对应的洪水频率分析

现状防洪能力以成灾水位对应的流量频率表示,成灾水位由现场调查测量确定。

分析方法和步骤为:

(1)根据外业勘测和调查资料综合分析确定成灾水位。

(2)根据已经获得的断面水位流量关系曲线查得成灾水位对应的相应流量。

(3)绘制频率曲线,采用频率插值法,确定该流量对应的洪水频率。

以流域汇流时间为准,根据5年一遇、10年一遇、20年一遇、50年一遇、100年一遇五种频率及其相应流量在 P – Ⅲ频率纸上点绘频率曲线,在频率曲线上查得该流量对应的洪水频率。为了说明问题,以驻马店小流域为案例开展了频率分析,见图 8-1。

8.2　现状防洪能力确定

根据现场调查的沿河村落、集镇和城镇人口高程分布关系,统计确定成灾水位(其他特征水位)、各频率设计洪水位下的累计人口和房屋数,绘制防洪现状评价图,防洪现状评价案例见图 8-2。

绘制防洪现状评价图时,图中应包括水位流量关系曲线、各特征水位及其对应的洪峰流量和频率,以及各频率洪水位以下的累计人口(户数)和房屋数。

根据防洪现状评价图,结合控制断面水位流量关系类型分析成果,综合确定沿河村落、集镇和城镇等防灾对象的现状防洪能力。

现状防洪现状评价图应当包括以下两类信息:

(1)主要信息:特征水位、设防水位及其流量对应频率、设计洪水洪峰流量对应高程,各高程对应人数,各危险区对应高程范围,各危险区人口、户数及房屋数统计信息。

(2)辅助信息:编制单位、编制时间等编制信息,图名、图例、横坐标名称、纵坐标名称等。

8.3　危险区等级划分

8.3.1　危险区范围确定

在现场调查中,已初步确定了危险区范围、转移路线和临

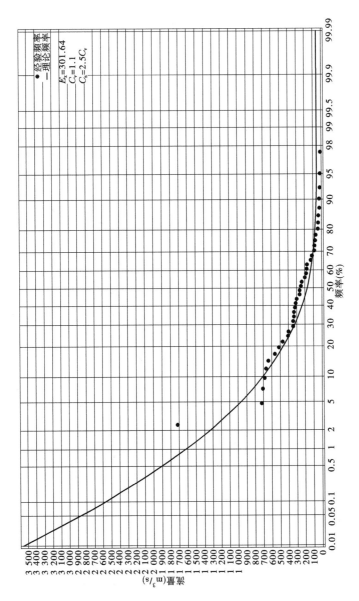

图 8-1　驻马店水文站断面洪水频率曲线

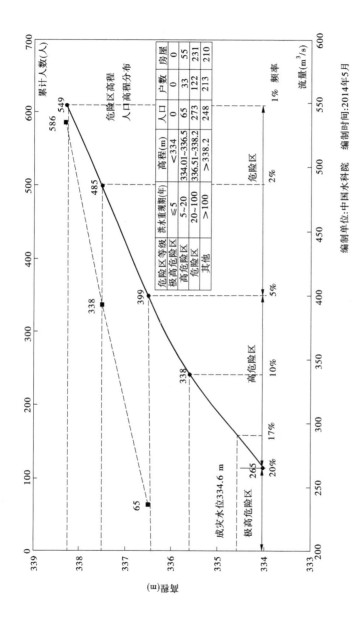

危险区等级	洪水重现期(年)	高程(m)	人口	户数	房屋
极高危险区	≤5	<334	0	0	55
高危险区	5~20	334.01~336.5	65	33	231
危险区	20~100	336.51~338.2	273	122	210
其他	>100	>338.2	248	213	

编制单位:中国水科院　编制时间:2014年5月

图 8-2　防洪现状评价图案例

时安置地点。分析评价中需对危险区范围进行核对和分级。危险区范围为最高历史洪水位和 100 年一遇设计洪水位中的较高水位淹没范围以内的居民区域。

8.3.2　危险区等级划分方法

采用频率法对危险区进行危险等级划分,并统计人口、房屋等信息。根据流域汇流时间段设计暴雨、$P_a = 0.5 W_m$ 相应 5 年一遇、20 年一遇、100 年一遇(或最高历史洪水位)的洪水位,确定危险区等级,结合地形地貌情况,划定对应等级的危险区范围。在此基础上,基于危险区范围及山洪灾害调查数据,统计各级危险区对应的人口、房屋以及重要基础设施等信息。

危险区等级划分按照表 8-1 确定。

表 8-1　危险区等级划分标准

危险区等级	洪水重现期	说明
极高危险区	小于 5 年一遇	属较高发生频次
高危险区	大于等于 5 年一遇,小于 20 年一遇	属中等发生频次
危险区	大于等于 20 年一遇至历史最高(或 PMF)洪水位	属稀遇发生频次

危险区划分还应注意以下两点:

(1)根据具体情况适当调整危险区等级。按表 8-1 划分的原危险性等级区内存在学校、医院等重要设施,或者河谷形态为窄深型,到达成灾水位以后,水位流量关系曲线陡峭,对人口和房屋影响严重的情况,应提升一级危险区等级。

(2)考虑工程失事等特殊工况的危险区划分。如果防灾对象上下游有堰塘、小型水库、堤防、桥涵等工程,有可能发生溃决或者堵塞洪水情况的,应有针对性地进行溃决洪水影响、壅水影响等的简易分析,进而划分出特殊工况的危险区,重点是确定洪水影响范围,并统计相应的人口和房屋数量。

8.3.3　转移路线和临时安置地点确定

在危险区等级划分的基础上,还应结合沿河村落、集镇和城镇等防灾对象的地形地貌、交通条件等信息,对现场调查的转移路线和安置地点进行评价和修订,以确定最佳的转移路线和临时安置地点。

8.4　成果要求

（1）沿河村落、集镇和城镇等防灾对象防洪现状评价图。

（2）沿河村落、集镇和城镇等防灾对象防洪能力、各级危险区人口、房屋统计信息,填写防洪现状评价表,详见表8-2。

（3）提供的成果简明扼要,方便决策管理部门使用。

表 8-2 防洪现状评价成果表

| 序号 | 行政区划名称 | 行政区划代码 | 流域代码 | 断面代码 | 防洪能力(年) | 极高(小于 5 年一遇) | | 高危(5～20 年一遇) | | 危险(大于 20 年一遇) | |
						人口(人)	房屋*(座)	人口(人)	房屋*(座)	人口(人)	房屋*(座)

填表说明:

1. 行政区划名称:填写沿河村落、集镇、城镇等防灾对象的名称。

2. 行政区划代码:填写沿河村落、集镇、城镇等防灾对象的行政区划代码。

3. 流域代码:填写防灾对象所在流域的代码。

4. 断面代码:填写防灾对象控制断面的代码。

5. 防洪能力:填写成灾水位对应流量的洪水重现期,单位为年。

6. 人口和房屋:填写极高、高危、危险各级危险区内的人口数和房屋座数。

7. 如无资料,带 * 部分可不填。

第 9 章　预警指标分析

9.1　一般规定

山洪灾害预警指标分析针对各个沿河村落、集镇和城镇等防灾对象进行。对于地理位置非常接近且所在河段河流地貌形态相似的多个防灾对象,可以使用相同的预警指标。

预警指标包括雨量预警指标与水位预警指标两类,分为准备转移和立即转移两级。

雨量预警通过分析不同预警时段的临界雨量得出。临界雨量指一个流域或区域发生山溪洪水可能致灾时,即达到成灾水位时,降雨达到或超过的最小量级和强度,降雨总量和雨强、土壤含水量以及下垫面是临界雨量分析的关键因素;基本分析思路是根据成灾水位,采用比降面积法、曼宁公式或水位流量关系等方法,推算出成灾水位对应的流量值,再根据设计暴雨洪水计算方法和典型暴雨时程分布,反算设计洪水洪峰达到该流量值时各个预警时段设计暴雨的雨量。

对于雨量预警指标分析,《山洪灾害分析评价技术要求》推荐了经验估计法、降雨分析法以及模型分析法三类方法,根据河南省的实际和以往应用的成功经验,降雨径流反推是一种十分实用的方法,也是效果很好的方法。本项目雨量预警指标分析采用降雨径流(API 模型)反推法开展分析计算。

水位预警指标包括立即转移水位和准备准以水位。对应立即转移水位和准备转移水位的雨量预警指标分别为立即转移雨量和准备转移雨量预警指标。

9.2　水位预警指标分析

（1）根据 5 年一遇、10 年一遇、20 年一遇、50 年一遇、100 年一遇五种频率及其相应流量在 P-Ⅲ频率纸上点绘频率曲线。

（2）根据历史山洪灾害调查资料、山洪现状分析评价以及大断面和村镇特征点测量资料拟定成灾水位，并作为立即转移水位。

（3）准备转移水位预警指标设置的目的是为危险区群众转移提供一定时间的预见期，在洪水达到成灾水位之前能够及时转移，避免生命财产损失。准备转移水位采用如下方法确定：

①滞时法：流域面积大于或等于 30 km² 时，从准备转移水位至立即转移水位之间提供 30 min 的准备时间。具体分析计算方法是根据分析计算出的 50 年一遇洪水过程，从出现立即转移水位时间点前推 30 min，对应的水位作为准备转移水位。

②高差法：流域面积小于 20 km²、大于 10 km² 时，由于涨水段时间短，难以用时间控制，因此采用分析计算断面成灾水位与河道断面最低水位高差为 D，成灾水位减去 $0.3D$ 作为该断面的准备转移水位。

③流域面积小于 10 km² 的小流域，分析计算断面不再拟定准备转移水位。

（4）把拟定的准备转移水位、立即转移水位作为相应断面的水位预警指标。

(5)根据准备转移水位、立即转移水位值,在水位流量曲线上查得相应流量,并在频率曲线上查得相应频率,用于预警水位和相应预警雨量分析评价。

9.3 雨量预警指标分析

9.3.1 预警时段确定

根据河南省的实际情况,雨量预警时段确定为 0.5 h、1 h、3 h、6 h 等。

9.3.2 土壤含水量计算

由于不同的前期影响雨量,对应不同的雨量预警指标,为了既考虑预警预报的实际应用,又兼顾预警指标的可靠程度,前期影响雨量(土壤含水量)设定为前期土壤比较干旱、比较湿润和湿润三种情况。即采用 $P_a = 0.2 W_m$、$P_a = 0.5 W_m$、$P_a = 0.8 W_m$ 开展预警雨量的分析计算。

9.3.3 临界雨量计算

(1)分别点绘 $P_a = 0.2 W_m$、$P_a = 0.5 W_m$、$P_a = 0.8 W_m$ 时的 $P + P_a - Q_m$ 关系曲线。

(2)根据准备转移水位、立即转移水位值相应的流量,在 $P + P_a - Q_m$ 关系曲线上查得相应的 $P + P_a$ 值,那么 P 即为前期影响雨量为 P_a 时相应时段的预警雨量。

预警雨量值转换为 0.5 h、1 h、3 h、6 h、流域汇流时间等预警雨量值,填报表 9-1、表 9-2 中各要素。

表 9-1 临界雨量 API 模型分析法成果表

序号	行政区划名称	行政区划代码	土壤含水量/前期降雨 P_a	时段	临界雨量（mm）
			0.2W_m	0.5 h	
				1 h	
				3 h	
				6 h	
				……	
				汇流时间 τ	
			0.5W_m	0.5 h	
				1 h	
				3 h	
				6 h	
				……	
				汇流时间 τ	

填表说明:

1. 行政区划名称:填写沿河村落、集镇、城镇等防灾对象的名称。

2. 行政区划代码:填写沿河村落、集镇、城镇等防灾对象的行政区划代码。

3. 土壤含水量:拟定流域最大蓄水量 50%、80% 的 2 个临界值,划分为流域土壤较干、一般、较湿三种情况。

4. 时段及临界雨量:针对流域最大蓄水量 20%、50%、80% 的 3 种情况,填写汇流时间 τ、1 h、3 h 等时段对应的临界雨量(单位 mm,取整数)。

表 9-2　预警指标成果表

序号	行政区划名称	行政区划代码	流域代码	类别	时段	预警指标		临界雨量/水位	方法	备注
						准备转移	立即转移			
1				雨量						
				水位						
2				雨量						
				水位						
3				雨量						
				水位						
......				雨量						
				水位						

填表说明：

1. 行政区划名称：填写沿河村落、集镇、城镇等防灾对象的名称。
2. 行政区划代码：填写沿河村落、集镇、城镇等防灾对象的行政区划代码。
3. 流域代码：填写防灾对象所在流域的代码。
4. 时段：填写准备转移和立即转移指标的相应时段的数值，如 0.5 h、1 h、3 h 等。
5. 预警指标：填写准备转移和立即转移指标的相应时段的雨量值（单位 mm，取整）或水位值（单位 m，2 位小数）。
6. 临界雨量/水位：填写临界雨量/水位的雨量值（单位 mm，取整）或水位值（单位 m，2 位小数）。
7. 方法：填写确定临界雨量/水位的方法名称。
8. 备注：雨量预警填写代表雨量站点名称，水位预警填写防灾对象上游对应水位站名称。

9.3.4 综合确定预警指标

沿河村落、集镇和城镇等防灾对象因所在河段的河谷形态不同,洪水上涨与淹没速度会有很大差别,这些特性对山洪灾害预警、转移响应时间、危险区危险等级划分等都有一定影响。考虑防治对象所处河段河谷形态、洪水上涨速率、预警响应时间和站点位置等因素,在临界雨量的基础上综合确定准备转移和立即转移的预警指标,并利用该预警指标进行暴雨洪水复核校正,以避免与成灾水位及相应的暴雨洪水频率差异过大。

9.3.5 合理性分析

可采用以下方法,进行预警指标的合理性分析:

(1)与当地山洪灾害事件实际资料对比分析。

(2)将各种方法的计算结果进行对比分析。

(3)与流域大小、气候条件、地形地貌、植被覆盖、土壤类型、行洪能力等因素相近或相同的沿河村落的预警指标成果进行比较和分析。

第 10 章　危险区图绘制

危险区图是在山洪灾害调查评价工作底图（或更大比例地图）上采用地理信息系统（GIS）等专业技术方法，将防洪现状评价成果直观展现在图件上，为山洪预警、预案编制、人员转移、临时安置等工作提供支撑。

危险区图根据危险区等级对应频率的设计暴雨洪水淹没范围进行绘制，如防灾对象上下游有堰塘、小型水库、堤防、桥涵等工程，有可能发生溃决或者堵塞洪水情况的，应另外绘制特殊工况的危险区图。

危险区图图式应符合《防汛抗旱用图图式》（SL 73.7—2013）等行业和相关地图及测绘的标准要求。

10.1　危险区图

危险区图应包括基础底图信息、主要信息和辅助信息三类。各类信息主要包括：

（1）基础底图信息：遥感底图信息，行政区划、居民区范围、危险区、控制断面、河流流向、对象在县级行政区的空间位置。

（2）主要信息：各级危险区（极高、高中、危险）空间分布及其人口、房屋统计信息，转移路线，临时安置地点，典型雨型分布，设计洪水主要成果，预警指标，预警方式，责任人，联系方式等。

（3）辅助信息：编制单位、编制时间等编制信息，以及图名、图例、比例尺、指北针等地图辅助信息。

10.2 特殊工况危险区图

特殊工况危险区图在危险区图基础上，增加以下信息：

（1）特殊工况、洪水影响范围及其人口、房屋统计信息。

（2）工程失事情况说明，特殊工况的应对措施等内容。

其余同危险区 图相应的内容。

10.3 成果要求

（1）提供的成果简明扼要，方便决策管理部门使用。

（2）提供每个沿河村落、集镇和城镇等防灾对象的危险区图，如图 10-1 所示。

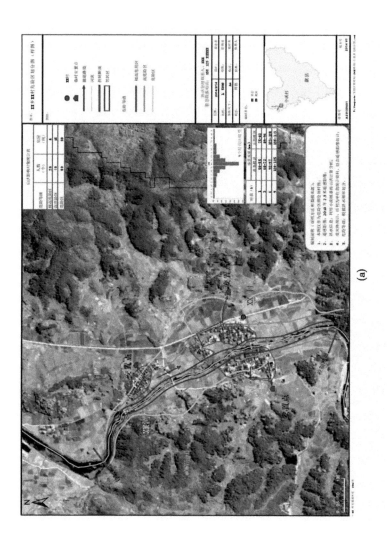

(a)

图 10-1　危险区划分图图例

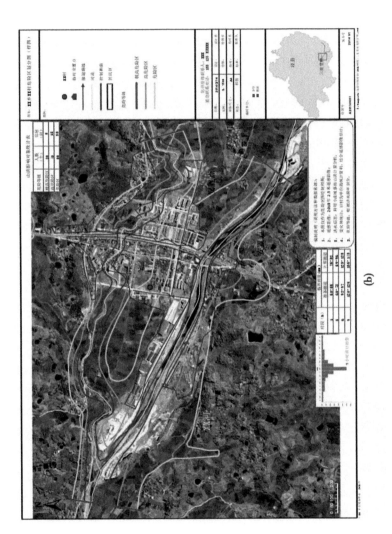

续图 10-1

续图 10-1

第 11 章　　分析评价软件平台开发

本项目共涉及 79 个山洪灾害防治县,由于分析评价工作量大,如果没有分析评价软件作支撑,这项工作是无法完成的,因此在进行人工资料分析整理计算的同时,还必须开发一套分析评价软件,提高工作效率,统一分析计算方法,规范分析计算结果,优化图形显示输出框架及内容等。

分析评价软件的基本功能包括:

(1)能够从山洪灾害调查评价数据平台调取山洪灾害内业调查资料、外业调查资料以及外业测量资料,能够获取分析断面以上流域面积、地貌单位线资料,能够开展相关数据的查询、分析。

(2)能够开展设计暴雨时程分配计算。

(3)具有产流计算功能。

(4)具有汇流计算功能。

(5)根据外业测量的大断面资料,能够采用比降面积法分析计算各断面的水位流量关系曲线。

(6)根据外业勘测资料绘制高程与人口(户数、房屋数)分布曲线。

(7)根据 5 年一遇、10 年一遇、20 年一遇、50 年一遇、100年一遇五种频率及其相应流量在 P-Ⅲ 频率纸上点绘频率曲线。

(8)根据历史山洪灾害调查资料,能够自动开展临界水位的分析计算。

（9）能够开展预警雨量指标分析计算。

①由于中小河流面积较小，可以把不同频率的点雨量作为面雨量，点绘 $P+P_a$ —Q_m 关系曲线；

②根据准备转移水位、立即转移水位值相应的流量，在 $P+P_a$ —Q_m 关系曲线上查得相应的 $P+P_a$ 值，并分别计算不同前期影响雨量对应的雨量预警指标；

③能够自动生成《山洪灾害分析评价技术要求》中的各类成果表和成果图。

（10）具有各种图形显示功能。

（11）具有分析评价数据库表结构及数据管理功能。

附件　河南省山洪灾害分析评价报告的编写格式

1　概述

本章主要介绍历史山洪灾害分析评价背景、目标、分析评价区域的概况、依据、内容等,应包括以下几个方面的内容:

1.1　分析评价的背景

1.2　分析评价的目标

1.3　分析评价区域的概况

1.4　分析评价的依据

1.4.1　有关法律、法规

1.4.2　相关技术、规程、规划文件

1.4.3　其他资料

1.5　分析评价的内容

1.6　分析评价的技术路线

2　分析评价的数据

本章主要对山洪灾害调查的数据进行分析整理,主要包括小流域基础资料的提取、内业调查的数据整理、外业调查数据的整理等方面的内容。

2.1　分析评价对象的确定

本节内容主要确定需要进行山洪灾害分析评价的沿河村落、集镇、城镇等防灾对象,提供防灾对象的基本信息,编制防灾对象名录,填报分析对象名录。

2.2 小流域属性数据的提取

2.2.1 分析评价工作底图

本节内容主要从基础数据和调查成果中提取和整理工作底图。

2.2.2 小流域属性数据提取

本节内容主要提取小流域属性数据,控制断面、成灾水位、现场调查的危险区分布、转移路线和临时安置点等成果资料。

2.3 水文气象资料

本节内容主要对水文气象资料进行整理,并对资料进行分析评估,为后期的暴雨洪水分析计算和分析评价做好准备。

3 设计暴雨计算

设计暴雨计算是无实测洪水资料情况下进行设计洪水计算的前提,也是确定预警临界雨量的重要环节,本章的主要内容包括确定和分析小流域时段雨量、暴雨频率和暴雨时程分配。

3.1 暴雨历时确定

本节主要是根据流域大小和产汇流特性,确定流域设计暴雨所需要考虑的最长历时及其典型历时。

3.2 暴雨频率确定

分析评价计算暴雨的频率为 5 年一遇、10 年一遇、20 年一遇、50 年一遇、100 年一遇五种。

3.3 设计雨型确定

采用《河南省暴雨图集》提供的方法确定设计暴雨雨型,

开展时程分配计算。

3.4 计算方法确定

一般情况下采用《河南省暴雨图集》提供的基础资料和方法,特殊情况下,可根据具体情况分析确定。

3.5 设计暴雨计算成果

本节内容主要根据前面的相关计算,得出小流域的设计暴雨成果。

4 设计洪水分析计算

设计洪水分析中,假定暴雨与洪水同频率,即5年一遇、10年一遇、20年一遇、50年一遇、100年一遇五种,基于设计暴雨成果,以沿河村落、集镇和城镇附近的河道控制断面为计算断面,进行各种频率设计洪水的计算和分析,得到洪峰、洪量、上涨历时、洪水历时四种洪水要素信息,再根据控制断面的水位流量关系,将洪峰流量转化为水位,并分析水位流量关系曲线类型,成果直接为现状防洪能力评价、危险区等级划分和预警指标分析提供支撑。

4.1 产流计算

本节主要是根据产流计算的方法对产流进行分析计算。

4.2 汇流计算

本节主要是根据汇流计算的方法对汇流进行分析计算。

4.3 水位流量关系计算及设计水位分析

4.3.1 水位流量关系计算

采用水位流量关系或曼宁公式等水力学方法,将沿河村落、集镇和城镇河道控制断面设计洪水洪峰流量转换为对应的水位,绘制水位流量关系曲线。具体可参照《水工建筑物与堰槽测流规范》(SL 537—2011)比降面积法进行计算。

4.3.2 各频率设计洪水洪峰流量的相应水位推求

根据已经计算获取的各频率设计洪水洪峰流量,在水位流量关系曲线上可以查得相应水位。

4.3.3 水位流量人口关系曲线绘制

本节主要根据工作方案中介绍的方法绘制水位流量人口关系曲线。

4.3.4 控制断面水位—流量—户数(总房屋数)关系曲线

4.4 计算结果合理性分析

4.5 设计洪水计算成果

5 防洪现状评价

现状防洪能力分析主要内容是沿河村落、集镇和城镇等防灾对象成灾水位对应洪峰流量的频率分析,并根据需要辅助分析沿河道路、桥涵、沿河房屋地基等特征水位对应洪峰流量的频率,统计确定成灾水位(其他特征水位)、各频率设计洪水位下的累计人口和房屋数,综合评价现状防洪能力。

5.1 成灾水位对应的洪水频率分析

以流域汇流时间为准,根据5年一遇、10年一遇、20年一遇、50年一遇、100年一遇五种频率及其相应流量在P-Ⅲ频率纸上点绘频率曲线,在频率曲线上查得该流量对应的洪水频率。

5.2 现状防洪能力确定

根据现场调查的沿河村落、集镇和城镇人口高程分布关系,统计确定成灾水位(其他特征水位)、各频率设计洪水位下的累计人口和房屋数,绘制防洪现状评价图。

5.3　危险区等级划分

5.3.1　危险区范围确定

在现场调查中,已初步确定了危险区范围、转移路线和临时安置地点。分析评价中需对危险区范围进行核对和分级。危险区范围为最高历史洪水位和 100 年一遇设计洪水位中的较高水位淹没范围以内的居民区域。

5.3.2　危险区等级划分方法

采用频率法对危险区进行危险等级划分,并统计人口、房屋等信息。根据流域汇流时间段设计暴雨、$P_a = 0.5W_m$ 相应 5 年一遇、20 年一遇、100 年一遇(或最高历史洪水位)的洪水位,确定危险区等级,结合地形地貌情况,划定对应等级的危险区范围。

5.3.3　转移路线和临时安置地点确定

在危险区等级划分的基础上,还应结合沿河村落、集镇和城镇等防灾对象的地形地貌、交通条件等信息,对现场调查的转移路线和安置地点进行评价和修订,以确定最佳的转移路线和临时安置地点。

5.4　防洪现状评价成果

本节主要完成沿河村落、集镇和城镇等防灾对象防洪现状评价图;根据沿河村落、集镇和城镇等防灾对象防洪能力、各级危险区人口、房屋统计信息,填写防洪现状评价表,详见表 8-2。

6　预警指标分析

6.1　一般规定

山洪灾害预警指标分析针对各个沿河村落、集镇和城镇等防灾对象进行。对于地理位置非常接近且所在河段河流地貌形态相似的多个防灾对象,可以使用相同的预警指标。

6.2　水位预警指标分析

6.3　雨量预警指标分析

6.3.1　预警时段确定

根据河南省的实际情况,雨量预警时段确定为 0.5 h、1 h、3 h、6 h 等。

6.3.2　土壤含水量计算

由于不同的前期影响雨量,对应不同的雨量预警指标,为了既考虑预警预报的实际应用,又兼顾预警指标的可靠程度,前期影响雨量(土壤含水量)设定为前期土壤比较干旱、比较湿润和湿润三种情况。即采用 $P_a = 0.2W_m$、$P_a = 0.5W_m$、$P_a = 0.8W_m$ 开展预警雨量的分析计算。

6.3.3　临界雨量计算

6.3.4　综合确定预警指标

考虑防治对象所处河段河谷形态、洪水上涨速率、预警响应时间和站点位置等因素,在临界雨量的基础上综合确定准备转移和立即转移的预警指标,并利用该预警指标进行暴雨洪水复核校正,以避免与成灾水位及相应的暴雨洪水频率差异过大。

6.3.5　预警结果合理性分析

6.4　预警指标分析成果

本节主要总结预警指标分析的成果。

7　危险区图绘制

7.1　危险区图

危险区图是在山洪灾害调查评价工作底图(或更大比例地图)上采用地理信息系统(GIS)等专业技术方法,将防洪现状评价成果直观展现在图件上,为山洪预警、预案编制、人员转移、临时安置等工作提供支撑。

7.2　特殊工况危险区图

特殊工况危险区图是在危险区图基础上,增加特殊工况、洪水影响范围及其人口、房屋统计信息和工程失事情况说明,特殊工况的应对措施等内容。

7.3　危险区图绘制成果

本节主要提出危险区图的相关成果图。